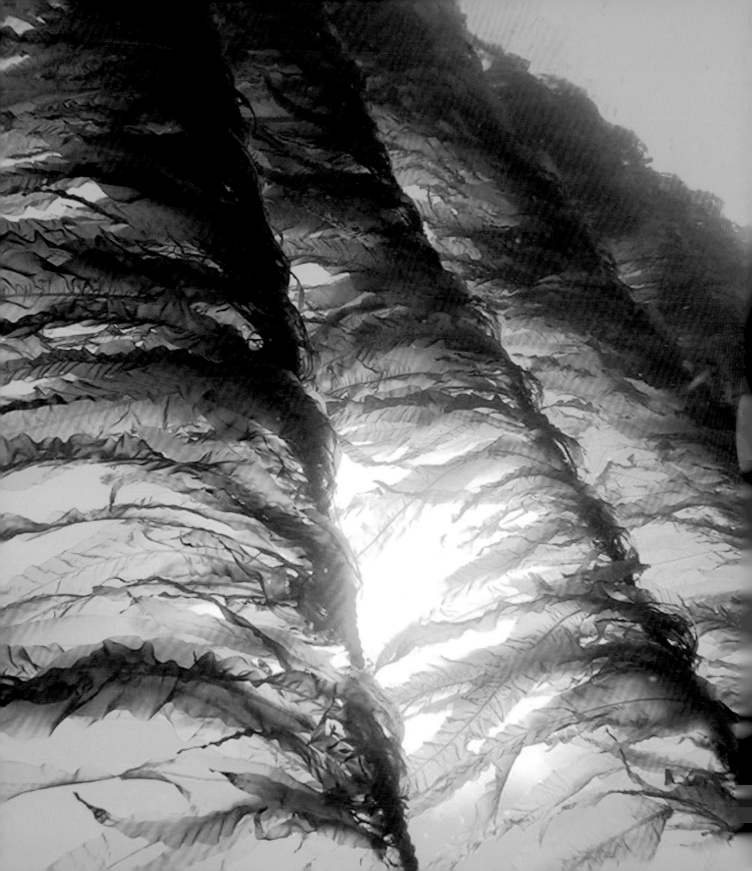

小眼睛看世界

海洋大百科

李唐文化工作室／编

吉林摄影出版社
·长春·

图书在版编目（CIP）数据

海洋大百科 / 李唐文化工作室编． — 长春：吉林摄影出版社，2018.10（2023.6 重印）
（小眼睛看世界）
ISBN 978-7-5498-3807-3

Ⅰ．①海… Ⅱ．①李… Ⅲ．①海洋—少儿读物 Ⅳ．① P7-49

中国版本图书馆 CIP 数据核字（2018）第 222812 号

XIAO YANJING KAN SHIJIE　HAIYANG DA BAIKE

小眼睛看世界 海洋大百科

编　者：李唐文化工作室	发　行：吉林摄影出版社
出版人：车　强	地　址：长春市净月高新技术产业开发区福祉大路
责任编辑：岳青霞	5788 号
责任校对：刘　佳	邮　编：130118
封面设计：李唐文化工作室	电　话：总编办：0431-81629821
开　本：880mm×1230mm　1/20	发行科：0431-81629829
印　张：6	网　址：http://jlsycbs.com.cn/
字　数：150 千字	印　刷：吉林省科普印刷有限公司
版　次：2018 年 10 月第 1 版	书　号：ISBN 978-7-5498-3807-3
印　次：2023 年 6 月第 6 次印刷	定　价：24.80 元
出　版：吉林摄影出版社	

目 录
Contents

海洋概述

海洋是将地球表面连成一体的海和洋的总称。海洋总面积约 36200 万平方千米，占地球表面积的 70.8%。其中心部分称作洋，是海洋的主体；其边缘部分称作海，是大洋的附属部分。地球上有四个主要大洋：太平洋、大西洋、印度洋、北冰洋。

海洋上时而晴空万里，风平浪静，时而疾风暴雨，波浪滔天。海底既有高山，又有深谷，有时还会发生火山爆发和地震。

海洋的形成

hǎi yáng de xíng chéng

海洋是如何形成的，目前还没有准确的答案。

有的科学家认为，彗星和小行星富含冰物质，它们不断撞击形成之初的地球，送来了最初的水。

还有的科学家认为，地球诞生之时，由于内部温度较高，火山频繁爆发，将大量水蒸气和其他气体释放出来。火山喷发时释放的水蒸气冷却凝结而成的水分是地球最初的液态水。

地球诞生之初，上面没有生命；大约在38亿年前，海洋里产生了有机物；大约在6亿年前，有了藻类，藻类进行光合作用产生了氧气，形成了臭氧层，此时，生物才开始登上陆地。

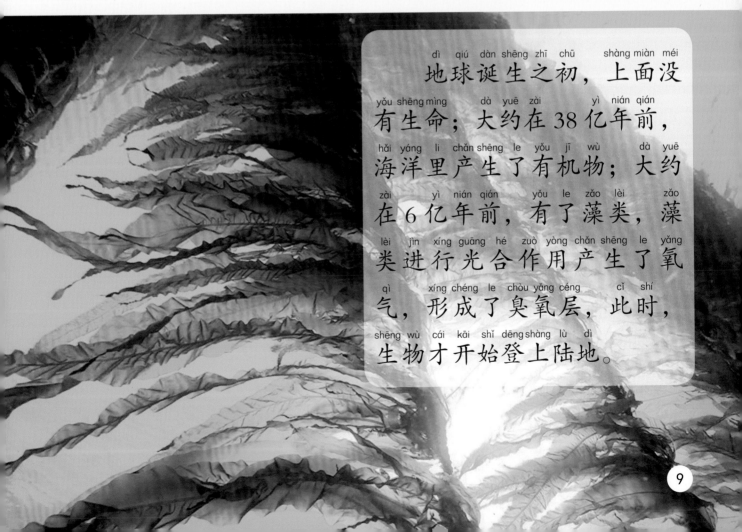

9

海的分类
hǎi de fēn lèi

边缘海
biān yuán hǎi

又称陆缘海，位于大陆边缘，以半岛、岛屿或群岛与大洋分隔，是只以海峡或水道与大洋相连的海域。世界上许多大的油气田和油气聚集带，如里海、黑海、西西伯利亚、中东和墨西哥湾等地区的油气聚集带，都曾是古代的边缘海。

陆间海

又称自然内海。它具有海洋的特质，但被陆地环绕，形似湖泊但具有海洋特质，与大洋之间仅以较窄的海峡相连。地中海是世界上最大的陆间海，土耳其海峡中的马耳马拉海是最小的陆间海。

内陆海

是深入大陆内部的海，被大陆或岛屿、群岛所包围，只通过狭窄的水道与大洋相通。里海是世界上最大的封闭性内陆海。中国最大的内陆海是渤海。

hǎi shuǐ 海水

海水占地球水量的 97.2%。每年世界海洋蒸发的淡水约为 450 万立方千米，其中有 90% 通过降水返回海洋，10% 变为雨雪落在大地上，大部分又顺着河流返回海洋。

水在流动过程中，经过各种土壤和岩层，会分解产生各种盐类物质，这些物质会随水进入大海。海水受热蒸发，因此水中盐的浓度越来越高。

海水中含有各种盐类，其中90%左右是氯化钠，也就是食盐。假如全世界的海水都蒸发干了，海底就会积上60米厚的盐层。

大洋表层海水常年大规模地沿一定方向进行的较稳定的流动，称为洋流，又称海流。

<ruby>海<rt>hǎi</rt></ruby><ruby>陆<rt>lù</rt></ruby><ruby>交<rt>jiāo</rt></ruby><ruby>错<rt>cuò</rt></ruby>

<ruby>海<rt>hǎi</rt></ruby><ruby>湾<rt>wān</rt></ruby><ruby>是<rt>shì</rt></ruby><ruby>海<rt>hǎi</rt></ruby><ruby>或<rt>huò</rt></ruby><ruby>洋<rt>yáng</rt></ruby><ruby>伸<rt>shēn</rt></ruby><ruby>入<rt>rù</rt></ruby><ruby>陆<rt>lù</rt></ruby><ruby>地<rt>dì</rt></ruby><ruby>的<rt>de</rt></ruby><ruby>部<rt>bù</rt></ruby><ruby>分<rt>fen</rt></ruby>，<ruby>形<rt>xíng</rt></ruby><ruby>状<rt>zhuàng</rt></ruby><ruby>各<rt>gè</rt></ruby><ruby>异<rt>yì</rt></ruby>，<ruby>有<rt>yǒu</rt></ruby>U<ruby>形<rt>xíng</rt></ruby><ruby>及<rt>jí</rt></ruby><ruby>圆<rt>yuán</rt></ruby><ruby>弧<rt>hú</rt></ruby><ruby>形<rt>xíng</rt></ruby><ruby>等<rt>děng</rt></ruby>。

半岛是指陆地一半伸入海洋或湖泊，一半与大陆或更大的岛屿相连的地貌状态，它其余三面均被水包围。

海峡是两片水域之间狭窄的水上通道，既是海上交通要道、航运枢纽，又是兵家必争之地。

海沟和海岭

海沟是大洋板块与大陆板块相碰撞处，是大洋地壳向下俯冲至大陆地壳以下而形成的。

海沟上宽底窄，两侧坡度较陡，分布于大洋边缘，如太平洋的马里亚纳海沟、大西洋的波多黎各海沟等。海底最深的地方就是海沟，最大深度超过10000米。

海岭又称海脊，也称"海底山脉"。位于大洋中央部分的海岭，称为中央海岭，或大洋中脊。海岭是海底分裂产生新地壳的地带，是板块生长扩张的边界。

四大洋中的海岭彼此连通，蜿蜒曲折，好似一条巨龙伏卧在海底。

海底火山

hǎi dǐ huǒ shān

所谓海底火山，就是大洋底部形成的火山，可分为三类：边缘火山、洋脊火山和洋盆火山。

全世界海底火山共有2万多座，一半以上位于太平洋。这些火山有的已经衰老死亡，有的在休眠，有的正处在年轻活跃期。

海底活火山主要分布在大洋中脊和太平洋周边区域，大洋底散布的许多圆锥山都是它们的杰作。海底火山喷发时，在水位较浅、水压不大的情况下，常有壮观的爆炸。大量的气体和火山碎屑及炽热的熔岩喷薄而出，在空中冷凝为火山灰、火山弹、火山碎屑。由火山喷发物堆积而成的岛称为火山岛。

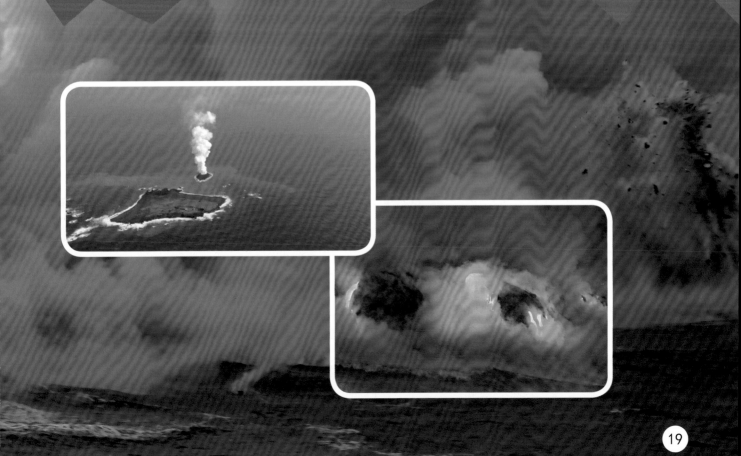

海浪和潮汐

hǎi làng hé cháo xī

海浪，一般是指海洋中由风产生的波浪，包括风浪、涌浪和海洋近海波，是海洋中波浪现象的总称。从海面到海洋内部，基本都存在着波动。

潮汐是海水的一种周期性涨落现象。

到了一定时间，海水会上涨，过一段时间后，上涨的海水又自行退去，这就是潮汐。发生在白天的涨落称为潮，发生在晚上的涨落称为汐。

潮汐中蕴藏着巨大的能量，开发潮汐能给人们的生产和生活带来一定的便利。

台风和海啸

台风，是一些国家或地区对热带气旋的一个分级。根据气象学，热带气旋中心持续风速达到12级称为飓风。我国习惯称形成于26℃以上热带洋面上的热带气旋为台风。

台风过境常伴随着大风和暴雨以及特大暴雨等强对流天气。

hǎi dǐ dì zhèn　　huǒ shān bào fā　　hǎi dǐ huá pō děng dì qiào huó dòng dōu kě néng yǐn
　海底地震、火山爆发、海底滑坡等地壳活动都可能引

fā hǎi xiào　　hǎi xiào zài jǐ xiǎo shí nèi jiù néng héng guò dà yáng　　xiān qǐ jǐ shí mǐ gāo de
发海啸。海啸在几小时内就能横过大洋，掀起几十米高的

jīng tāo hài làng　　hǎi xiào pò huài lì jí qiáng　　bù dàn huì dǎ fān hǎi shang de chuán zhī　　ér
惊涛骇浪。海啸破坏力极强，不但会打翻海上的船只，而

qiě hái huì pò huài shèn zhì yān mò yán hǎi de jiàn zhù　　duì rén lèi de shēng mìng hé cái chǎn ān
且还会破坏甚至淹没沿海的建筑，对人类的生命和财产安

quán zào chéng jí dà wēi xié
全造成极大威胁。

广阔的海洋

海洋实际上是连在一起的，人们把它分为大洋、大海、海湾、海峡等区域。

大洋远离大陆，面积广阔。大海有着丰富的资源，是人们生产和生活的重要区域，也是通向大洋的桥梁。

海湾三面是陆地，一面是海洋，良港、大港一般都位于海

湾。海峡处于陆地间、岛屿间以及陆地与岛屿间，是海上交通的咽喉。

海洋广阔而奇妙。现在，就让我们一起去探索海洋的奥秘吧！

shān hú hǎi
珊瑚海

珊瑚海位于太平洋西南部海域，面积479万平方千米，是世界上最大的海。

珊瑚海中生活着成群的鲨鱼，所以人们又称其为"鲨鱼海"。

珊瑚海因其大量的珊瑚礁而得名，以大堡礁最为著名。这里海水清澈透明，水下光线充足，海水含盐量适宜，这都为珊瑚虫的生长提供了良好的条件。

除了鲨鱼，珊瑚海里还有海龟、海参、鲱鱼、珍珠贝等。各种色彩艳丽的生物，与珊瑚一起形成了一道美丽的海底风景线。

27

mǎ wěi zǎo hǎi
马尾藻海

马尾藻海是大西洋中一个没有岸的海，位于北大西洋环流中心的美国东部海区，大约 2000 海里长、1000 海里宽。马尾藻海围绕着百慕大群岛，西边与北美大陆隔着宽阔的海域，其他三面都是广阔的大洋，没有明确的海域划分界线，是名副其实的"洋中之海"。

马尾藻海的海面上布满了
绿色的无根水草——马尾藻，
海中生活着许多独特的鱼类，
如旗鱼、飞鱼、马林鱼、马尾
藻鱼等。这些鱼类大部分都以海
藻为宿主，善于伪装、变色，打扮得
和海藻相似，以此来防范敌人。

波罗的海

波罗的海是欧洲北部的内海、北冰洋的边缘海、大西洋的属海。波罗的海是世界上盐度最低的海，几乎尝不到味道。这是因为波罗的海处于高纬度地区，气温较低，海水蒸发量小，并且受到西风带的影响，雨水较多；四周许多河流源源不断地注入；大西洋和波罗的海的通道窄而浅，盐度高的海水不易流进来。

波罗的海的海水又浅又淡，很容易结冰，严冬时几乎整个海区都会被冰覆盖，给海上运输造成困难，船只只能在冰冻的海面上开凿水道，再缓慢前行。

jiā lè bǐ hǎi加勒比海

加勒比海是大西洋的属海，是世界最大的内海，也是世界深度最大的陆缘海。

加勒比海沿岸有20个国家，是沿岸国家最多的大海。加勒比海也是世界著名的石油产地，这里有大量的石油和天然气。

加勒比海的名称来源于小安地列斯群岛的土著居民加勒比人，由于它处在大小安地列斯群岛和中美洲、南美洲大陆之间，因此有"美洲地中海"的称号。

加勒比海大部分位于热带，是世界上最大的珊瑚礁集中地之一。

地中海

地中海面积约为 251.2 万平方千米，是世界最大的陆间海。西部通过直布罗陀海峡与大西洋相接，东部通过土耳其海峡和黑海相连，东南部经苏伊士运河与红海沟通。

地中海也是最古老的海，比大西洋还要老。地中海处于欧亚板块和非洲板块的交界处，是世界强地震带之一，有维苏威火山和埃特纳火山。

地中海沿岸还是古代文明的发祥地之一，灿烂的古埃及、兴盛的古巴比伦王国和波斯帝国，以及欧洲文明的发源地都在这里。

爱琴海

爱琴海属于地中海的一部分，拥有着其他海洋无法比拟的岛屿数量，又称"多岛海"。

爱琴海海岸线非常曲折，岛屿众多，最大的岛是克里特岛。

爱琴海属地中海气候，冬季温和多雨，夏季炎热干
燥。夏季是游客观光游览的旺季，阳光明媚，晴空如洗，
可以在海畔享受海风，沐浴阳光，感受美景带来的愉悦。

爱琴是传说中古代雅典的国王，也译为埃勾斯，是英
雄忒修斯的父亲，他误以为儿子死于冒险，悲痛中跳海自
杀，那片海从此就叫爱琴海。

hóng hǎi
红海

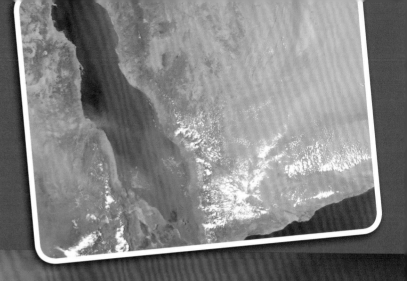

红海位于非洲东北部与阿拉伯半岛之间，西北面通过苏伊士运河与地中海相连，南面通过曼德海峡与亚丁湾相连。

红海海水多呈蓝绿色，局部海域因红色海藻生长茂盛而呈红棕色，红海因此得名。

红海是世界上盐度最高的海，即便不会游泳，在红海里也不会沉下去。

hóng hǎi shì shì jiè shang shuǐ wēn zuì gāo de hǎi yù   hǎi dǐ kuò zhāng shǐ dì qiào chū xiàn
红海是世界上水温最高的海域。海底扩张使地壳出现

le liè fèng   yán jiāng yán liè fèng bù duàn shàng yǒng   yīn cǐ hǎi shuǐ dǐ bù shuǐ wēn jiào gāo
了裂缝，岩浆沿裂缝不断上涌，因此海水底部水温较高。

hóng hǎi yōng yǒu měi lì de shān hú   wǔ yán liù sè de yú lèi jí gè zhǒng zhēn qí de
红海拥有美丽的珊瑚、五颜六色的鱼类及各种珍奇的

hǎi yáng shēng wù
海洋生物。

黑海 hēi hǎi

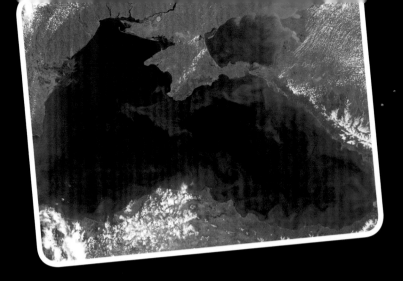

黑海位于欧洲的巴尔干半岛和西亚的小亚细亚半岛之间，通过土耳其海峡与地中海相连接。

黑海海水含盐量比地中海小，黑海表层10到20米的水流向地中海，地中海底层的水流向黑海。

黑海海水的流速较慢，深水与浅水之间存在对流差，再加上长年受硫化氢的污染，造成深层海水缺乏氧气，就像一潭死水。

黑海在航运、贸易与战略上具有重要地位，北部沿岸，特别是克里米亚半岛，是东欧人的度假、疗养胜地。

日本海

rì běn hǎi

日本海是西北太平洋最大的边缘海，形状左下宽、右上窄，好似一头头大尾小的鲸，中国古代称之为鲸海。

日本海虽然名为日本海，却并非是"日本的海"，而是公海。

日本海有寒暖流交汇，浮游生物众多，水产资源丰富。海洋生物种类较多，仅鱼类就有600种左右。

日本海仅有几个海峡与大洋相连，对污染物的处理能力有限，生活垃圾、废弃放射性物质和泄漏的石油对这片海域造成了难以恢复的破坏。

<ruby>马<rt>mǎ</rt></ruby><ruby>尔<rt>ěr</rt></ruby><ruby>马<rt>mǎ</rt></ruby><ruby>拉<rt>lā</rt></ruby><ruby>海<rt>hǎi</rt></ruby>

<ruby>马<rt>mǎ</rt></ruby><ruby>尔<rt>ěr</rt></ruby><ruby>马<rt>mǎ</rt></ruby><ruby>拉<rt>lā</rt></ruby><ruby>海<rt>hǎi</rt></ruby><ruby>是<rt>shì</rt></ruby><ruby>土<rt>tǔ</rt></ruby><ruby>耳<rt>ěr</rt></ruby><ruby>其<rt>qí</rt></ruby><ruby>内<rt>nèi</rt></ruby><ruby>海<rt>hǎi</rt></ruby>，<ruby>面<rt>miàn</rt></ruby><ruby>积<rt>jī</rt></ruby><ruby>约<rt>yuē</rt></ruby><ruby>为<rt>wéi</rt></ruby> 11350 <ruby>平<rt>píng</rt></ruby><ruby>方<rt>fāng</rt></ruby><ruby>千<rt>qiān</rt></ruby><ruby>米<rt>mǐ</rt></ruby>，<ruby>是<rt>shì</rt></ruby><ruby>世<rt>shì</rt></ruby><ruby>界<rt>jiè</rt></ruby><ruby>上<rt>shang</rt></ruby><ruby>最<rt>zuì</rt></ruby><ruby>小<rt>xiǎo</rt></ruby><ruby>的<rt>de</rt></ruby><ruby>海<rt>hǎi</rt></ruby>。

马尔马拉海是往来大西洋、印度洋和太平洋之间的捷径，在经济、政治和军事上都具有极为重要的地位。

马尔马拉海周边国家众多，独特的气候使得各国呈现出一致的地中海风格。

马尔马拉海是由于欧亚大陆之间的地壳断层下陷而形成的，原来的山峰露出水面变成了岛屿。

"马尔马拉"是希腊语，意思是大理石。海中的马尔马拉岛盛产花纹美丽的大理石，这片海也因此得名。

45

墨西哥湾

墨西哥湾是北美洲东南部的大海湾，总面积约 155 万平方千米，北岸有密西西比河流入，把大量泥沙带进海湾，形成了巨大的河口三角洲。沿岸曲折多湾，岸边多沼泽、浅滩和红树林。海底有大陆架、大陆坡和深海平原。

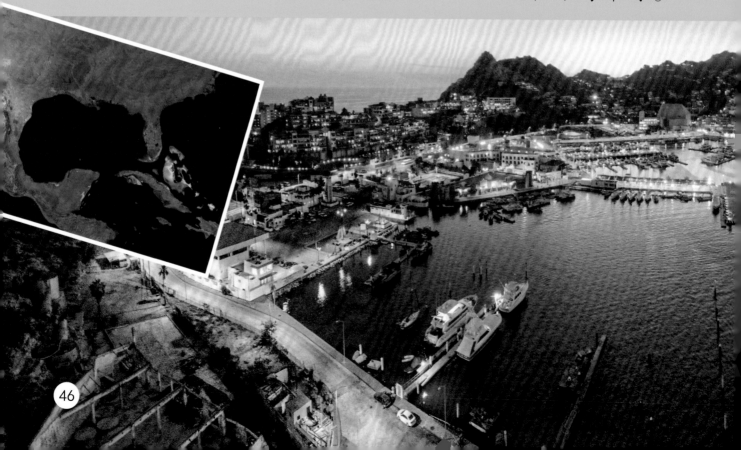

佛罗里达暖流与安地列斯暖流汇合，成为墨西哥湾暖流，规模十分巨大，像一条巨大的"暖水管"，永不停歇地流淌。

墨西哥湾的海岸是水禽和滨鸟的主要栖息地，盛产虾、比目鱼、鲻鱼、牡蛎和蟹等。

bō sī wān
波斯湾

阿拉伯人称波斯湾为阿拉伯湾，但"阿拉伯"之名已经用来给阿拉伯海命名了，因此国际上以伊朗的古名"波斯"命名该海湾。

波斯湾位于阿拉伯半岛和伊朗高原之间，石油资源丰富，已探明石油储量占全世界总储量的一半以上，被称为"世界石油宝库"。波斯湾地处副热带大陆西岸，气温较高，常年在20℃左右，夏季可达32℃左右。西北风较强，沙漠地区的沙土吹入湾中，海水浑浊。夏季有尘暴和霾，秋季有龙卷风，冬季多云雾。

英吉利海峡

英吉利海峡位于英国与法国之间，最狭窄处只有33千米。

英吉利海峡属于温带海洋性气候，海峡区气候冬暖夏凉，气温年较差小，常年温暖湿润多雨雾，降雨均匀，日照较少。

英吉利海峡是世界上海洋运输最繁忙的海峡，具有重要的战略位置，每年通过海峡的船舶将近20万艘，居世界各海峡首位。

法国人将英吉利海峡称为拉芒什海峡，意思是袖子海峡，因其自西向东渐窄，好像一只袖子。

直布罗陀海峡

直布罗陀海峡位于伊比利亚半岛最南部和非洲西北部之间，长58千米，最窄处仅13千米。是大西洋与地中海—印度洋—太平洋间海上交通的重要航线。现在，每天有千百艘船只通过海峡，每年可达十万艘，是国际航运中最繁忙的通道之一，具有重要的经济和战略地位。

直布罗陀两岸耸立的海岬（深入海中的尖形陆地）称为海格力斯之柱。海格力斯也称赫拉克勒斯，是神话中的英雄，传说他把阿特拉斯山脉一分为二，开凿了直布罗陀海峡，打通了地中海和大西洋。

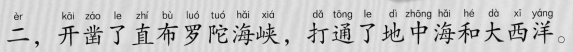

mài zhé lún hǎi xiá
麦哲伦海峡

斐迪南·麦哲伦
（1480 年 ~1521 年）

麦哲伦海峡位于南美洲大陆最南端，由火地岛等岛屿围合而成。1520 年，葡萄牙航海家麦哲伦首次经由该海峡进入太平洋，因此得名。

麦哲伦海峡是南大西洋与南太平洋之间最重要的天然航道。海峡狭窄，两岸陡壁耸立，海岬、岛屿密布，海岸线曲折迂回。海峡内多大风暴，是世界上风浪最猛烈的水域之一。

麦哲伦率领的船队是在1519年9月20日从西班牙圣卢卡港出发的，在1522年9月6日回到了西班牙。由于船队记有航海日志，历时三年的航程详细记录在案，清晰地证明他们完成了人类历史上第一次环球航行；完整的环球航线，也证明了地球是圆形的科学论断。

dé léi kè hǎi xiá
德雷克海峡

dé léi kè hǎi xiá wèi yú nán měi zhōu
德雷克海峡位于南美洲
nán duān yǔ nán shè dé lán qún dǎo zhī jiān shì
南端与南社得兰群岛之间，是
shì jiè shang zuì kuān zuì shēn de hǎi xiá
世界上最宽、最深的海峡。

56

德雷克海峡是世界各地通往南极洲的重要通道，因为受到极地旋风的影响，海峡中常常有狂风巨浪，从南极滑落下来的冰山也常漂浮在海峡中，会给航行带来困难。德雷克海峡的狂涛巨浪非常著名，曾让无数船只倾覆。

德雷克海峡之名源自发现者弗朗西斯·德雷克，但他本人环球航行时并没有通过这片海峡，而是选择行经较为平静的麦哲伦海峡。

弗朗西斯·德雷克（1540年~1596年）

57

霍尔木兹海峡
huò ěr mù zī hǎi xiá

霍尔木兹海峡位于西亚的阿曼半岛和伊朗之间。海峡中多岛屿、礁石和浅滩，是连接中东地区的重要石油产地波斯湾和阿曼湾的狭窄海域，是世界上最为繁忙的水道之一。

霍尔木兹海峡是阿拉伯海进入波斯湾的唯一水道，具有十分重要的经济和战略地位。世界各地的石油海上运输都要从此经过，每年会有大量的石油从这里运出，因此又被称为"海上生命线"。

霍尔木兹海峡属于热带沙漠气候，终年炎热干燥，表层水温年平均26.6℃，高温增强了海水蒸发，增大了海峡内的海水盐度。

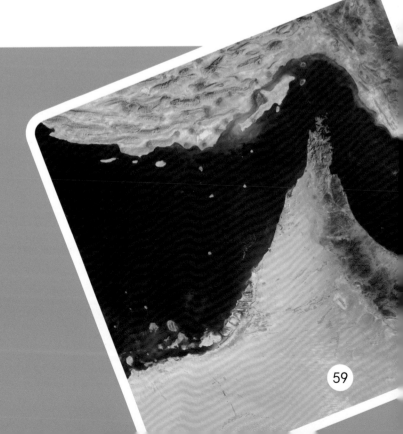

bái lìng hǎi xiá
白令海峡

维他斯·白令

（1681 年 ~1741 年 ）

bái lìng hǎi xiá jì shì yà zhōu hé běi
白令海峡既是亚洲和北

měi zhōu de fēn jiè xiàn yòu shì tài píng
美洲的分界线，又是太平

yáng hé běi bīng yáng de fēn jiè xiàn míng
洋和北冰洋的分界线，名

zì yuán zì dān mài tàn xiǎn jiā wéi tā
字源自丹麦探险家维他

sī bái lìng
斯·白令。

由于地处高纬度，白令海峡气候寒冷，多暴风雪，多雾，特别是冬季，气温剧降，最低气温可达到 −45℃ 以下，表层结冰，冰层厚达两米以上。结冰期是在每年的 10 月到次年的 4 月，在这期间，航行非常不便。

国际日期变更线是地球表面上的一条假想的线，与地球 180° 经线大致相合，用作日期变更。向东经过这条线时，日期减去一天，反之则增加一天。国际日期变更线即从白令海峡中央通过。

国际日期变更线

土耳其海峡

土耳其海峡是连接黑海与地中海的唯一通道，是罗马尼亚、保加利亚、乌克兰、格鲁吉亚等国家的唯一出海口，具有十分重要的战略地位。

土耳其海峡大多数情况下风平浪静，海流缓慢，航运条件比较优越，海上航运十分繁忙。海峡中央有一股

由黑海流向马尔马拉海的急流，水面底下则有一股逆流把含盐的海水从马尔马拉海带到黑海。鱼群季节性地通过海峡往返黑海，因此该地区渔业兴旺。

土耳其海峡最窄处有一座跨海大桥，名为博斯普鲁斯海峡大桥，东岸属亚洲，西岸属欧洲，所以也叫欧亚大桥。

海岛

hǎi dǎo

hǎi dǎo bèi hǎi shuǐ sì miàn huán rào　diǎn zhuì zhe guǎng kuò de hǎi yáng　shì dà hǎi shang
海岛被海水四面环绕，点缀着广阔的海洋，是大海上
de míng zhū
的明珠。

huǒ shān pēn fā wù duī jī ér chéng de dǎo chēng wéi huǒ shān dǎo　rú sài bān dǎo　shān
火山喷发物堆积而成的岛称为火山岛，如塞班岛；珊
hú chóng yí hái duī zhù de dǎo yǔ chēng wéi shān hú dǎo　rú dà bǎo jiāo　yuán shǔ yú dà lù
瑚虫遗骸堆筑的岛屿称为珊瑚岛，如大堡礁；原属于大陆
de yī bù fen　yóu yú dì qiào xià chén huò hǎi shuǐ shàng shēng yǐ zhì hé dà lù xiāng gé ér chéng
的一部分，由于地壳下沉或海水上升以至和大陆相隔而成

的岛称为大陆岛，如马达加斯加岛。

群集的岛屿称为群岛，如夏威夷群岛；排列成线形或弧形的群岛称为列岛，如日本列岛。

大大小小的海岛，有的是旅游胜地，有的是交通要冲，有的是资源宝地，有的是军事要害……

塞班岛

sài bān dǎo

塞班岛是北马里亚纳群岛联邦首府，面积约185平方千米。约公元前2000年，塞班岛开始有人类居住，而在著名航海家麦哲伦完成环球之旅后，塞班岛的原始之美方为世人所知。

天宁岛位于塞班岛西南，靠岸边的地方，火山熔岩形成的礁石下有一些不规则的洞穴，潮水扑来时，这些洞穴会像鲸鱼似的喷出水来，称为喷水海岸。

富有变化的地形及超高透明度的海水吸引了无数热爱
潜水的人们，塞班岛被誉为潜水胜地。

第二次世界大战期间，美军在塞班岛进行了登陆战役并取得胜利。如今日军的沉船、残破的飞机、司令部遗址等都被开发成了旅游景点。

mǎ ěr dài fū
马尔代夫

mǎ ěr dài fū shì yìn dù yáng de yī gè qún dǎo guó jiā　　yě shì shì jiè shang zuì dà
马尔代夫是印度洋的一个群岛国家，也是世界上最大
de shān hú dǎo guó
的珊瑚岛国。

马尔代夫的海洋资源非常丰富，盛产金枪鱼、鲣鱼、龙虾、海参、石斑鱼、鲨鱼、海龟和玳瑁等海产品。

旅游业是马尔代夫第一大经济支柱，以珊瑚礁和阳光沙滩闻名于世，有天堂岛、太阳岛、双鱼岛等著名旅游岛，很多电影都在此取景，向世人展现优美的热带海洋风光。

马尔代夫平均海拔仅1.8米，80%的国土海拔不到1米。有科学家指出，马尔代夫很可能会在100年内被大海吞没。

夏威夷群岛

夏威夷群岛由 8 个主要岛屿、100 多个小岛，以及环绕各岛的礁岩、尖塔所组成，位于太平洋中部，美洲、亚洲和大洋洲之间，号称"太平洋的十字路口"，具有重要的战略地位。

　　夏威夷岛是群岛中的第一大岛，上面有多座活火山，也称火山岛，是观赏和研究火山的好地方。

　　瓦胡岛是群岛中第三大岛，珍珠港和火奴鲁鲁均位于此岛。珍珠港是美国海军的重要基地，第二次世界大战中的日本偷袭珍珠港就发生在这里。火奴鲁鲁是夏威夷州的首府，因其盛产檀香木，被华人称为檀香山。

　　夏威夷群岛是著名的旅游胜地，蓝天、海滩、椰林，还有热情的民众，洋溢着浓郁的热带风情。

sài shé ěr qún dǎo
塞舌尔群岛

塞舌尔群岛位于印度洋上，由92个岛屿组成，风景秀丽，全境50%以上地区被辟为自然保护区。

海椰子是塞舌尔特有的一种植物，果实是一种巨大的坚果。

hēi yīng wǔ shì sài shé ěr de
黑鹦鹉是塞舌尔的
guó niǎo jiào shēng wǎn zhuǎn dòng tīng
国鸟，叫声婉转动听。

zhè lǐ shì yī zuò páng dà de tiān rán zhí wù yuán yǒu duō zhǒng zhí wù qí
这里是一座庞大的天然植物园，有500多种植物，其
zhōng de duō zhǒng zài shì jiè shang qí tā dì fang gēn běn zhǎo bu dào měi yī gè xiǎo dǎo
中的80多种在世界上其他地方根本找不到。每一个小岛
dōu yǒu zì jǐ de tè diǎn ā ěr dá bù lā dǎo shì zhù míng de guī dǎo dǎo shang shēng huó
都有自己的特点：阿尔达布拉岛是著名的龟岛，岛上生活
zhe shù yǐ wàn jì de jù guī fú léi jiā
着数以万计的巨龟；弗雷加
tè dǎo shì kūn chóng de shì jiè kǒng
特岛是"昆虫的世界"；孔
sēn dǎo shì niǎo què tiān táng yī gé
森岛是"鸟雀天堂"；伊格
xiǎo dǎo shèng chǎn gè zhǒng sè cǎi bān lán de
小岛盛产各种色彩斑斓的
bèi ké
贝壳。

dà bǎo jiāo
大堡礁

大堡礁位于南半球，绵延伸展 2011 千米，是世界上最大、最长的珊瑚礁群，由 2900 个大小珊瑚礁岛组成，有着非常特殊的自然景观。

令人不可思议的是，营造如此庞大"工程"的"建筑师"，是直径只有几毫米的刺胞动物——珊瑚虫。珊瑚虫分泌的石灰质骨骼，连同藻类、贝壳等海洋生物残骸胶结在一起，堆积成一个个珊瑚礁体。珊瑚礁的建造过程十分缓慢，在最好的条件下，礁体每年不过增厚3~4厘米。

大堡礁是世界上最有活力和最完整的生态系统，但其平衡也最脆弱，气候变化、污染、海运事故、石油外泄、棘冠海星、渔业发展等都会对大堡礁的生态系统健康造成危害，一种能使珊瑚受到感染的疾病已经摧毁了大量珊瑚礁。

bā lí dǎo
巴厘岛

bā lí dǎo wèi yú zhuǎ wā dǎo dōng
巴厘岛位于爪哇岛东
bù miàn jī wéi píng fāng qiān
部，面积为5620平方千
mǐ dǎo shang rè dài zhí bèi mào mì
米，岛上热带植被茂密，
shì jǔ shì wén míng de lǚ yóu dǎo
是举世闻名的旅游岛。

除了自然景观，巴厘岛还以庙宇建筑、雕刻、绘画、音乐、纺织、歌舞等闻名于世。

巴厘岛不但有美景，还有美食。生菜沙拉、水果沙拉、炒面、松饼、烤鸭等别具风味。

马达加斯加岛

马达加斯加岛位于非洲大陆的东南海面上，面积为62.7万平方千米，是仅次于格陵兰岛、新几内亚岛和加里曼丹岛的世界第四大岛。岛形狭长，南北窄、中部宽，隔着莫桑比克海峡与非洲大陆相望。岛屿东南沿海属热带雨林气候，中部为热带高原气候，西部降水较少，有面积不大的半荒漠。青葱茂盛的雨林与烈日灼人的平原并存。

島上有20多万种动植物，狐猴、长颈象鼻虫都是地球上其他地方所没有的。

马达加斯加岛的自然资源非常丰富，石墨储量占据非洲首位，此外还有云母、宝石、石英、金、银、铜、镍等。

huǒ dì dǎo
火地岛

huǒ dì dǎo wèi yú nán měi zhōu de zuì nán duān   miàn jī
火地岛位于南美洲的最南端，面积
yuē wéi   píng fāng qiān mǐ   dōng bù shǔ ā gēn tíng
约为 48700 平方千米，东部属阿根廷，
xī bù shǔ zhì lì
西部属智利。
huǒ dì dǎo shì shì jiè shang chú nán jí dà lù yǐ wài
火地岛是世界上除南极大陆以外
de zuì nán duān de lù dì   bèi chēng wéi shì jiè de jìn tóu
的最南端的陆地，被称为世界的尽头。

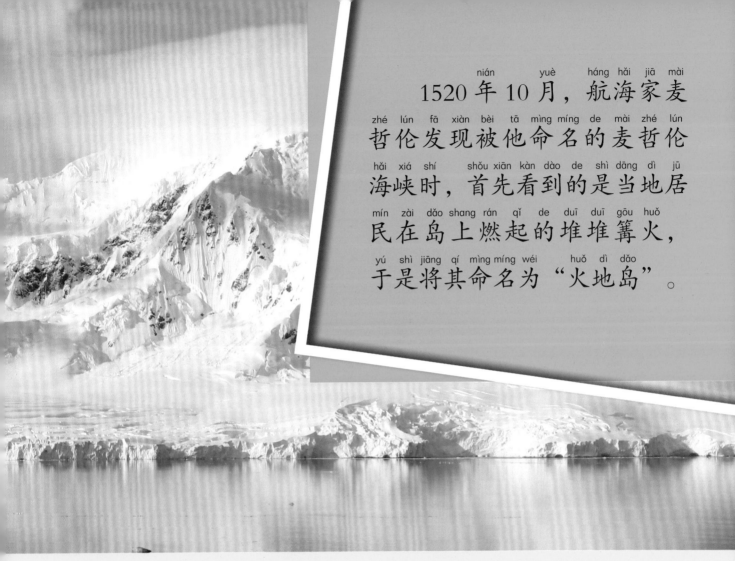

1520年10月，航海家麦哲伦发现被他命名的麦哲伦海峡时，首先看到的是当地居民在岛上燃起的堆堆篝火，于是将其命名为"火地岛"。

火地岛的冰川风光别具一格。冰川奇形怪状，雪山重峦叠嶂，湖泊星罗棋布。火地岛的夏天是最美丽的，白天长达20个小时，太阳半夜才落山，凌晨四五点钟又升起。世界各地来游览观光的人络绎不绝。

gé líng lán dǎo
格陵兰岛

格陵兰岛位于加拿大东北方向，北冰洋和大西洋之间，是世界第一大岛。总面积220万平方千米，岛内冰雪覆盖达180万平方千米，是世界第二大冰冠。

"格陵兰"的意思是绿岛，实际上内陆终年冰冻，沿海地区的气温只有在夏季时才能达到零度以上。

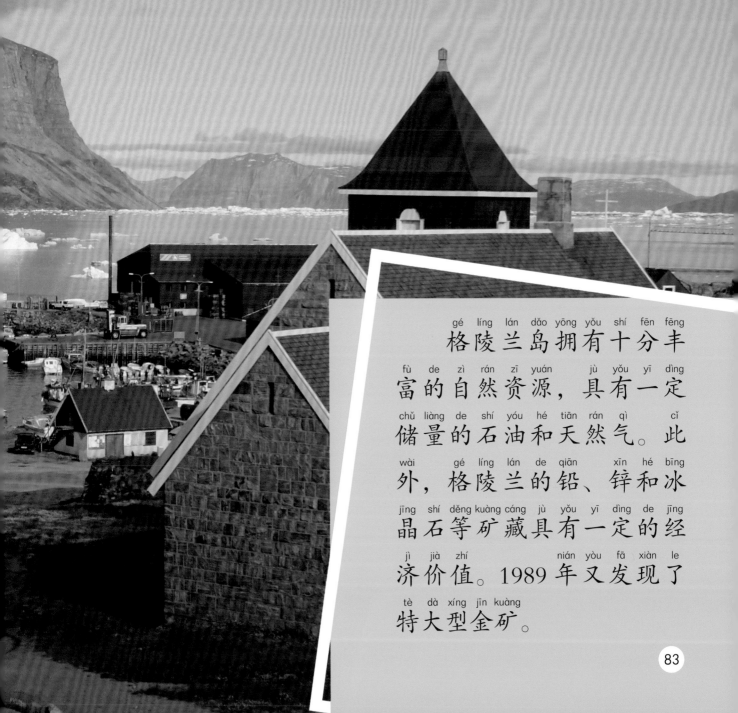

格陵兰岛拥有十分丰富的自然资源，具有一定储量的石油和天然气。此外，格陵兰的铅、锌和冰晶石等矿藏具有一定的经济价值。1989年又发现了特大型金矿。

fù huó jié dǎo
复活节岛

　　复活节岛位于东南
太平洋上，面积约为 117
平方千米，现属智利。
1722 年 4 月 5 日，荷兰
人登陆此岛，这一天恰
好是复活节，因此取名
为复活节岛。

fù huó jié dǎo yóu sān zuò huǒ shān
复活节岛由三座火山
zǔ chéng   xíng sì sān jiǎo   yǐ shù bǎi
组成，形似三角，以数百
zūn chōng mǎn shén mì gǎn de jù xíng shí xiàng
尊充满神秘感的巨型石像
wén míng yú shì   dāng dì rén chēng zhè xiē
闻名于世。当地人称这些
shí xiàng wéi   mó ài
石像为"摩艾"。

dǎo shang de jū mín fēi cháng rè qíng hào
岛上的居民非常热情好
kè   lǐ mào yǒu shàn   měi féng jié jià rì
客，礼貌友善，每逢节假日，
wú lùn nán nǚ dōu huì tiào qǐ yōu měi de yǔ
无论男女都会跳起优美的羽
qún wǔ   shì zhì lì lǚ yóu huó dòng de   bǎo
裙舞，是智利旅游活动的"保
liú jié mù
留节目"。

85

海洋秘宝

hǎi yáng mì bǎo

海洋是生命的诞生地，这里蕴藏着丰富的自然资源，以及许多奇珍异宝。人类已经彻底被海洋中的宝藏资源所折服。迄今为止，仍不能有人准确说清海洋中的丰富资

源。合理保护海洋资源，科学开发与利用海洋宝藏是非常重要的。

渔场
yú chǎng

由于产卵繁殖、寻找食物或越冬等原因，鱼类或其他水生动物聚集成群，经过或滞留于一定水域，形成了捕捞价值相对集中的场所，这就是渔场。

大陆架阳光充足，陆地上的江河送来了各种营养物质；寒流和暖流交汇的海区，海底丰富的营养物质翻滚上来；近寒带海域，海洋中深层的洋流把沉积在洋底的盐类带到了海水上层。以上这些海域容易形成渔场。

北海渔场、纽芬兰渔场、北海道渔场和秘鲁渔场是世界四大渔场。

潮汐能

cháo xī néng

海水的周期性涨落运动中所具有的能量就是潮汐能。其水位差表现为势能，其潮流的速度表现为动能，这两种能量都可以利用，是一种可再生能源。

利用潮汐发电必须具备两个物理条件：其一，潮汐的幅度必须大；其二，海岸的地形必须能储蓄大量海水，并可以进行土建工程。

潮汐能是一种不消耗燃料、没有污染、不受洪水或枯水影响、用之不竭的再生能源，但目前得到的开发很有限，被视为未来能源。

海水淡化

所谓海水淡化，就是利用海水脱盐生产淡水，实现水资源利用的开源增量技术，能够增加淡水总量，且不受时空和气候影响，保障生活用水与工业用水。

世界上有超过20种海水淡化技术，包括反渗透法、低温蒸馏、多级闪蒸、电渗析法等。

全球海水淡化日产量约3500万立方米左右，其中80%用于饮用水，能解决1亿多人的供水问题。海水淡化过程，也是海水浓缩过程。因此，一旦提高淡水的回收效率，浓海水中的有价元素富集程度得到提高，就能为化学资源的回收提供良好的条件。

中东很多国家盛产石油，水资源匮乏，依靠海水淡化来获得淡水，真正是水贵如油甚至水贵于油。

石油和天然气

石油被称为"工业的血液"。目前已探明石油资源的 1/4 和最终可采储量的 45% 埋藏在海底。现在，海上原油日产量已超过 100 万吨，约占世界石油总产量的 1/4。

天然气和石油一样埋藏在地下封闭的地质构造之中，它是较为安全的燃气之一，不含一氧化碳，比空气轻，一旦泄漏，会立即向上扩散，不易积聚形成爆炸性气体。

měng jié hé
锰结核

锰结核也叫多金属结核，是一种存在于海底的矿藏。表面呈黑色或棕褐色，有的像球，有的像葡萄，有的扁扁平平，有的像煤燃烧后的炉渣。

锰结核有大有小，小的不到1克，大的可达10千克以上。主要成分是锰和铁，包括铜、钴、镍等30多种金属元素。

这些金属有的来自陆地——泥土、岩石中的金属元素被水流带到了大海；有的来自火山熔岩——岩浆中包含着多种金属元素；有的来自生物——海洋生物死后分解，身体中的金属元素进入了海水；有的来自宇宙——宇宙尘埃中的金属元素落进了海洋。

据估计，整个海洋底部锰结核的蕴藏量约3万亿吨，如果开采得当，将会成为取之不尽、用之不竭的宝贵资源。

可燃冰

可燃冰也叫固体瓦斯、气冰，是由天然气和水在高压低温条件下形成的形状像冰的结晶物质，主要分布于深海沉积物或陆域的永久冻土中。

人们最早认识可燃冰，是在 19 世纪的实验室中。20 世纪初，人们在运输天然气的管道中发现了自然条件下形成的可燃冰——这种冰一样的固体阻塞了管道。后来，人们又在冻土和海洋中发现了纯自然生成的可燃冰。

目前，可燃冰开采、加工和储存的技术都还不成熟，开采成本也比石油、煤炭等高。优点是能量高，储量大，燃烧后几乎不产生任何残渣，污染比煤、石油、天然气都要小得多，被视为大有潜力的新能源。

珍珠和珊瑚

zhēn zhū hé shān hú

珍珠主要产在珍珠贝类和珠母贝类等软体动物体内，是因为内分泌作用而生成的含碳酸钙的矿物珠粒。具有瑰丽色彩和高雅气质的珍珠，象征着纯洁、健康、富有和幸福。

珊瑚形似树枝，有着鲜艳美丽的颜色，可作为装饰品。宝石级珊瑚为红色、粉红色、橙红色等。珊瑚分布在温度高于20℃的赤道及其附近的热带、亚热带地区。珊瑚通常包括软珊瑚、柳珊瑚、红珊瑚、石珊瑚等。

海洋与人

海洋是生命的摇篮，生物的演变进化离不开海洋，人类的生存和发展也离不开海洋。

海洋曾是隔绝人类的天堑，随着科技的发展，却日益成为连接人类的通途。

值得关注的是，海洋的开发也带来了海洋污染等问题。

新大陆

　　意大利航海家哥伦布相信大地是一个球形，从欧洲向西一直航行也能到达东方。1492年，哥伦布率领由三艘船组成的船队，从西班牙出发，开始横渡大西洋。经过两个多月的艰苦航行，哥伦布到达了现今美洲的古巴、海地等地。

哥伦布至死都认为自己到达的是印度。后来意大利冒险家亚美利加到了美洲大陆的另一边，证实了哥伦布发现的并不是印度，而是一个大家都不知道的新大陆。哥伦布开辟了横渡大西洋到美洲的航路，进一步扩大了世界的贸易往来。

哥伦布以为自己已经到了印度，因此把当地人称为印第安人，意思是"印度居民"。

105

环球首航

麦哲伦是葡萄牙航海家，1519年，麦哲伦从西班牙出发，开始环球航行。

1520年，船队经现今的麦哲伦海峡，从大西洋来到太平洋。由于缺少食物，他们不得不喝发臭的水，甚至吃木头的锯末。

1521 年 4 月，麦哲伦到达了现今菲律宾的一个岛屿，想"征服"此岛作为殖民地，被当地人打死。如今，麦哲伦死亡之处立有一座双面碑，背面纪念航海家麦哲伦，正面纪念酋长拉普拉普——击毙侵略者麦哲伦的英雄。

1522 年 9 月 6 日，船队回到西班牙，完成了人类历史上第一次环球航行。

黑三角贸易

随着地理大发现，西班牙、葡萄牙、荷兰、英国、法国等国家在南北美洲、亚洲以及各大洋的岛屿上获得了大片殖民地。创建种植园、开发金银矿需要大量的廉价劳动力，殖民者便开始了罪恶的奴隶贸易。

欧洲奴隶贩子装载盐、布匹、朗姆酒等从本国出发，在非洲换成奴隶，穿过大西洋来到美洲，换成糖、烟草、稻米、金银和工业原料等返航。由于航线大致呈三角形，被贩运的是黑色人种，所以称为黑三角贸易。

黑奴贸易开始于15至16世纪，19世纪末才在世界范围内被禁止，使非洲损失了1亿多人口，造成非洲传统文明衰落、社会经济倒退，还滋生出对黑人的种族歧视。

航海观星术

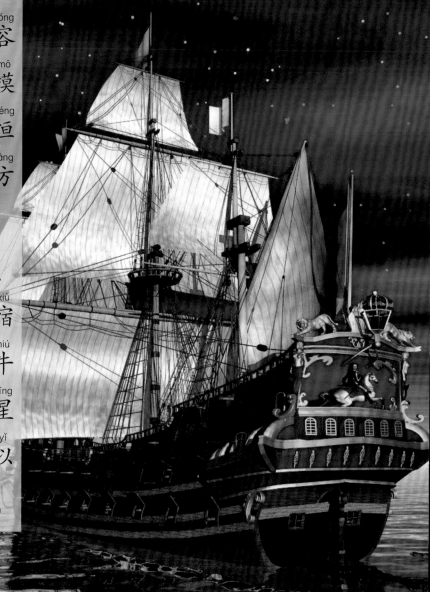

在茫茫大海上很容易迷失方向。人们经过摸索，掌握了通过观察恒星、行星和星座来确定方位的技能。

轩辕十四、毕宿五、北河三、北落师门、娄宿三、角宿一、心宿二、牛郎星、室宿一等九颗恒星被称为航海九星，可以根据其位置来判断方向。

找到北斗星，沿"勺子"口两颗星连线方向，向外延伸两颗星间距的 5 倍左右，有一颗较亮的星，就是北极星。

找到航海定位星，测量地平高度，可以推算纬度；根据推算好的星历表，按照月亮或者行星的位置，可以推算经度。

英仙座在御夫座的上方，那里是东北；如果反之，那里就是西北；如果两者高度差不多，那里是正北。

hǎi dào
海盗

海盗是一门古老的犯罪行业，《彼得·潘》中的铁钩船长、《金银岛》中一条木腿的西尔弗等都是冒险故事中的经典形象。

故事中的海盗各有传奇，现实中的海盗也有他们独特的经历。

白棉布杰克，带着安妮、玛丽两名女海盗，活跃在加勒比海，最终被处决。

黑胡子爱德华·蒂奇，在与海军的交战中被砍了脑袋。

威廉·基德，英国海盗，抢劫了自己国家的船只，被处以绞刑，尸体在泰晤士河边挂了两年。

也有不少海盗头子被政府看中，任用为官。如英国海盗亨利·摩根做了牙买加总督，弗朗西斯·德雷克受封为贵族，土耳其的红胡子海雷丁成了海军元帅，中国郑石氏从女海盗变成了女军官。

海战
hǎi zhàn

敌对双方海军兵力在海洋上进行的战役或战斗称为海战。中世纪的海战通常使用大型风帆战船，以弓箭作为武器，有时还会发动撞击战和接舷战。

火炮发明后，成为了战船上的主要武器。

第一次世界大战时期，各大军事强国都淘汰了木制的风帆战船，改用铁甲战舰。

第二次世界大战及以后，航空母舰成为了海上的霸主。1944年的莱特湾海战，是人类历史上规模最大的海战，参战人数大约20万，水面舰艇吨位超过200万吨，舰艇超过200艘，战机达到了2000架，以美国胜利、日本失败而告终。

海洋神话传说

大海上有数不尽的故事传说，有的温馨，有的伤感，有的恐怖……充满了魅力。

波塞冬，希腊神话中的海洋之神，手持三叉戟，乘着白马驾驶的黄金战车，能掀起滔天巨浪，引起风暴和海啸，使大地崩裂。

龙王是中国古
代神话传说中统领
水族的王，有兴云
布雨的神力。

幽灵船，孤独地
航行在大海之上，船
上却空无一人。
　　亚特兰蒂斯，传
说中沉入海底的古老
文明。

海洋污染

有害物质混入空气、土壤、水源等而造成危害，称为污染。海洋污染会损害生物资源，危害人类健康，妨碍捕鱼等活动，损害海水质量和环境质量。

海洋石油污染会影响海洋植物的光合作用，海兽皮毛和海鸟羽毛被石油沾污后，会失去保温、游泳或飞翔能力。

海洋生物通过体表吸附或摄取食物遭到放射性物质污染，并逐渐积累在器官中，通过食物链作用传递给人类。

工业垃圾和城市垃圾进入海洋，严重损害了近岸海域的水生资源，破坏了沿岸景观。